北京市地基处理工程设计文件编制深度规定

（试行版）

主编单位：北京市勘察设计和测绘地理信息管理办公室
　　　　　中勘三佳工程咨询（北京）有限公司
批准部门：北京市规划和国土资源管理委员会

中国建筑工业出版社

北京市地基处理工程设计文件
编制深度规定（试行版）

主编单位：北京市勘察设计和测绘地理信息管理办公室
　　　　　中勘三佳工程咨询（北京）有限公司
批准部门：北京市规划和国土资源管理委员会

中国建筑工业出版社

图书在版编目（CIP）数据

北京市地基处理工程设计文件编制深度规定：试行版/北京市勘察设计和测绘地理信息管理办公室，中勘三佳工程咨询（北京）有限公司主编. —北京：中国建筑工业出版社，2018.4

ISBN 978-7-112-22107-3

Ⅰ.①北… Ⅱ.①北… ②中… Ⅲ.①地基处理-文件-编制-规定-中国 Ⅳ.①TU472

中国版本图书馆 CIP 数据核字（2018）第 075750 号

责任编辑：王 磊 付 娇 杜 洁
责任设计：谷有稷
责任校对：王宇枢 王 瑞

北京市地基处理工程设计文件
编制深度规定（试行版）

*

中国建筑工业出版社出版、发行（北京海淀三里河路9号）
各地新华书店、建筑书店经销
霸州市顺浩图文科技发展有限公司制版
廊坊市海涛印刷有限公司印刷

*

开本：850×1168毫米 1/32 印张：¾ 字数：17千字
2018年6月第一版 2018年6月第一次印刷
定价：**16.00**元
ISBN 978-7-112-22107-3
（31901）

北京市规划和国土资源管理委员会文件

市规划国土发〔2018〕44 号

关于印发《北京市地基处理工程设计文件编制
深度规定（试行版）》的通知

各有关单位：

为加强北京地区地基处理工程设计质量管理，保障地基处理工程质量安全，根据《北京市建设工程质量条例》，原北京市规划委员会于 2016 年 8 月发布《关于加强建设工程中的地基处理工程设计质量管理的通知》（市规法〔2016〕1 号），要求自 2016年 10 月 1 日起，地基处理工程设计文件应经施工图审查后方可使用。

经对地基处理工程设计文件施工图审查工作开展一年多来的经验及质量抽审相关情况总结，我委组织有关单位编制了《北京市地基处理工程设计文件编制深度规定（试行版）》。现印发给你们，请遵照执行。

特此通知。

北京市规划和国土资源管理委员会

2018 年 2 月 8 日

前　　言

为进一步贯彻《建设工程质量管理条例》、《建设工程勘察设计管理条例》和《北京市建设工程质量条例》，北京市勘察设计和测绘地理信息管理办公室组织中勘三佳工程咨询（北京）有限公司、北京博凯君安建设工程咨询有限公司开展了施工图阶段地基处理工程设计文件编制深度的调查和研究。目前在地基处理工程设计文件编制过程中，由于缺乏地基处理工程设计文件编制深度规定，不同单位或同一单位不同设计人员完成的地基处理工程设计文件，从内容、形式上均有较大差异；设计单位在诸如设计图纸、设计依据、计算书编制等方面不规范或编制深度不足；因此亟需针对目前存在的问题统一地基处理工程设计文件编制深度规定。

实施《北京市地基处理工程设计文件编制深度规定（试行版）》，有利于进一步规范编制过程，统一编制深度，提高设计文件编制质量和审查效率，具有良好的社会经济效益。

本深度规定共 3 章、8 个附录。主要技术内容包括：1. 总则；2. 基本规定；3. 设计文件要求。

本规定所要求的编制深度，是施工图设计阶段地基处理工程设计文件编制的一个基本要求。

本深度规定由北京市勘察设计和测绘地理信息管理办公室管理，由中勘三佳工程咨询（北京）有限公司负责具体技术内容的解释。

主编单位：北京市勘察设计和测绘地理信息管理办公室

　　　　　中勘三佳工程咨询（北京）有限公司

参编单位：北京博凯君安建设工程咨询有限公司

主要起草人：叶　嘉　王　涛　郭明田　张建青　温　靖

　　　　　　郭书泰　毛尚之　刘尊平　郝庆斌　涂晓明

　　　　　　林小劲　廉得瑞　赵宗权　丁作良　汤厚杰

主要审查人：周宏磊　王笃礼　化建新　高文新　郭密文

目　录

1 总　　则

1.0.1 为贯彻《建设工程质量管理条例》、《建设工程勘察设计管理条例》、《北京市建设工程质量条例》和《北京市规划委员会关于加强建设工程中的地基处理工程设计质量管理的通知》，统一地基处理工程设计文件编制深度，确保地基处理工程设计质量和工程安全，保护环境，编制本规定。

1.0.2 本规定所指的地基处理工程设计是指在建设工程设计阶段，为满足地基承载力、变形和稳定性要求，按相关规范对支承基础的土体或岩体进行处理的设计活动（不包括主体设计单位对局部不均匀或软弱地基提出的换填或压实地基处理设计）。

1.0.3 本规定适用于北京市房屋建筑与市政基础设施工程地基处理工程设计文件的编制。

1.0.4 地基处理工程设计文件编制应根据不同设计阶段要求进行。本规定主要对施工图设计阶段的地基处理工程设计文件编制深度做出规定。

1.0.5 地基处理工程设计文件的编制，除应符合本规定外，尚应符合国家现行有关标准、规范的规定。

2 基 本 规 定

2.0.1 地基处理工程设计文件编制应在搜集相关资料的基础上进行。在确定地基处理工程设计方案前,应搜集下列内容:

1 经施工图审查合格的岩土工程勘察报告;

2 上部结构及基础设计资料、地基处理设计要求等;

3 施工条件及现场周边建筑、地下工程、有关道路、管线等环境情况;

4 拟建工程场地附近已有地基处理工程经验。

2.0.2 地基处理工程设计方案,应根据下列情况综合确定:

1 场地工程地质条件、水文地质条件;

2 工程结构类型、使用要求、施工条件和工期;

3 工程建设与环境的相互影响;

4 预估处理效果;

5 工程造价。

2.0.3 岩土工程勘察报告不能满足地基处理工程设计时,应补充提供相关的岩土设计参数,必要时应进行补充勘察。

2.0.4 地基处理工程设计应符合下列规定:

1 地基处理工程设计应依据现行工程建设标准;

2 地基处理工程设计应依据经施工图审查合格的岩土工程勘察报告;

3 地基处理工程设计的承载力、变形、地基稳定性等应满足地基处理设计要求;

4 地基处理工程设计等级不应低于相应地基基础设计等级;

5 地基处理工程设计执行的技术标准应根据工程与场地情况、设计要求等综合确定;

6 地基处理工程所采用的材料,应满足现行有关标准对耐久性设计与使用的要求；

7 地基处理工程设计使用年限不应低于主体建筑工程设计使用年限；

8 对建造在处理后的地基上受较大水平荷载或位于斜坡上的建筑物及构筑物，应满足地基稳定性验算要求。

2.0.5 地基处理工程设计文件的文字、标点、术语、代号、符号、数字和计量单位均应符合现行有关规范、标准。

2.0.6 地基处理工程设计文件应资料完整、依据充分、计算正确、图表清晰、数据无误。

3 设计文件要求

3.0.1 地基处理工程设计文件应包括下列内容：

  1 封面及扉页；

  2 图纸目录；

  3 地基处理工程设计总说明或设计说明书；

  4 地基处理工程设计图纸及设计变更（如有）；

  5 地基处理工程设计计算书。

3.0.2 封面及扉页应包括下列内容：

  1 封面应标识工程名称、设计单位、提交日期等，格式可按附录 A 执行；

  2 扉页应标识工程名称、工程编号、单位资质等级、相关责任人签章、设计单位、提交日期等，格式可按附录 B 执行；

  3 相关责任人签章应包括单位法定代表人、单位技术负责人（总工程师）签章，设计责任人的姓名打印及签字；

  4 设计责任人（包括审定人、审核人、设计项目负责人）；

  5 设计项目负责人应加盖注册土木工程师（岩土）或注册结构工程师印章；

  6 设计单位应在封面或扉页加盖单位公章，扉页加盖勘察文件专用章。

3.0.3 设计说明应包括下列内容：

  1 工程概况；

  2 场地工程地质、水文地质条件；

  3 周边已有工程设施等环境条件；

  4 设计依据及设计目标；

  5 设计方案；

  6 地基基础设计等级、设计使用年限；

7 施工技术要点；

8 主要材料及技术要求；

9 监测、检测、检验要求；

10 工程风险分析及应急措施要求。

3.0.4 设计图纸应符合下列要求：

1 图件应有图签，其内容宜包括设计单位、项目名称、工程编号、图名、图号、日期、版次和相关责任人（设计项目负责人、设计人、校对人、审核人、审定人）签字等内容；

2 图件应有图例和比例尺；

3 应加盖勘察文件专用章；

4 地基处理工程设计图纸图签可按附录 C 执行。

3.0.5 设计图纸宜包括下列图件：

1 地基处理工程设计平面图；

2 剖面图、集水坑或电梯井斜边褥垫层铺设图（见附录 D～附录 E）；

3 基础周边褥垫层铺设图、桩接补桩头示意图（见附录 F～附录 G）；

4 其他必要的图纸。

3.0.6 地基处理工程计算应符合下列要求：

1 设计计算方法、参数选择、验算项目、计算结果应满足相应规范要求；

2 采用计算图表及不常用的计算公式时，应注明其来源出处；

3 当采用计算机程序计算时，计算程序应经过鉴定。计算书中应注明所采用的计算程序名称、代号、版本及编制单位；

4 采用手算或未鉴定软件的计算书，公式、数据应有可靠依据；

5 计算内容应齐全，计算过程应完整；

6 当设计过程中实际的荷载、布置等与计算书中采用的参数有变化时，应有重新计算结果；

7 计算成果应有计算人、审核人或校核人签字；

8 地基处理工程设计单位和注册岩土/结构工程师应在计算书封面上盖章；

9 地基处理工程设计计算书责任页可按附录 H 执行。

3.0.7 复合地基处理工程计算书应包括下列内容：

1 计算采用的地层剖面（参考的钻孔或概化结果）；

2 计算采用的参数指标；

3 桩顶标高、设计桩长及桩端持力层；

4 单桩竖向承载力计算及设计取值；

5 有粘结强度的复合地基增强体桩身强度计算；

6 桩间距设计及面积置换率；

7 复合地基承载力计算；

8 需要时进行软弱下卧层验算；

9 复合地基的压缩模量取值；

10 复合地基变形计算，压缩层计算深度应满足规定；

11 变形计算深度范围内压缩模量的当量值及沉降计算经验系数；

12 沉降量及差异沉降/局部倾斜/整体倾斜计算，结果应满足设计要求及规范规定；

13 斜坡上的地基的稳定性验算；

14 其他需要设计计算的内容。

3.0.8 夯实地基处理工程计算书应包括下列内容：

1 计算采用的地层剖面（参考的钻孔或概化结果）；

2 计算采用的参数指标；

3 处理后的地面标高、处理深度；

4 夯击能设计取值；

5 夯点间距、夯击遍数、时间间隔的确定；

6 处理后地基承载力确定；

7 需要时进行软弱下卧层验算；

8 处理后地基压缩模量取值；

9 处理后地基变形计算，压缩层计算深度应满足规定；

10 变形计算深度范围内压缩模量的当量值及沉降计算经验系数；

11 沉降计算应满足设计要求及规范规定；

12 斜坡上的地基的稳定性验算；

13 其他需要设计计算的内容。

3.0.9 其他地基处理方法的计算书内容，可根据需要进行增减。

附录 A 地基处理工程设计文件封面示意图

工程编号：_____

_____（工程名称）

地基处理工程设计

地基处理工程设计单位（全称）

年　　月　　日

附录 B 地基处理工程设计文件扉页示意图

工程编号：_____

_____（工程名称）

单位法定代表人：（姓名打印＋签章）

单位技术负责人：（姓名打印＋签章）

审定人：（姓名打印＋签字）

审核人：（姓名打印＋签字）

项目负责人：（姓名打印＋签字，盖注册章）

项目参加人：（姓名打印＋签字）

地基处理工程设计单位（盖章）

年　　月　　日

附录 C 地基处理工程设计图纸图签示意

地基处理工程设计单位		
工程名称		
工程编号		
图名		
图号		
	姓名	签字
审 定 人		
审 核 人		
项目负责人		
校 对		
设 计		
制 图		
日期	版次	

附录 D 复合地基剖面示意图

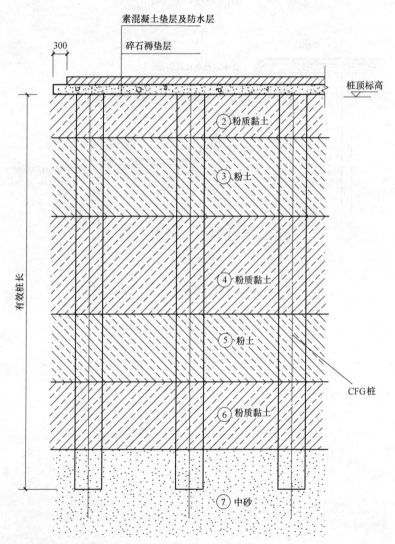

附录 E　集水坑或电梯井斜边褥垫层铺设示意图

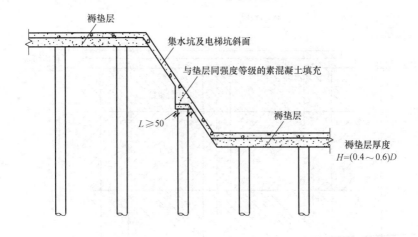

褥垫层

集水坑及电梯坑斜面

与垫层同强度等级的素混凝土填充

$L \geqslant 50$

褥垫层

褥垫层厚度
$H=(0.4 \sim 0.6)D$

附录 F 基础周边褥垫层铺设图

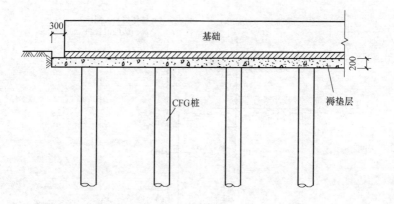

附录 G   CFG 桩接补桩头示意图

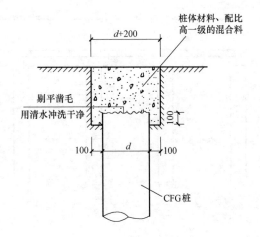

附录 H 地基处理工程设计计算书责任页示意

工程编号：_____

_____（工程名称）

地基处理工程设计计算书

审核人：（姓名打印＋签字）

计算人：（姓名打印＋签字）

项目负责人：（姓名打印＋签字，盖注册章）

地基处理工程设计单位（盖章）

年　　月　　日

责任编辑：王磊　付娇　杜洁

建工出版社微信

经销单位：各地新华书店、建筑书店
网络销售：本社网址 http://www.cabp.com.cn
　　　　　中国建筑出版在线 http://www.cabplink.com
　　　　　中国建筑书店 http://www.china-building.com.cn
　　　　　本社淘宝天猫商城 http://zgjzgycbs.tmall.com
　　　　　博库书城 http://www.bookuu.com
图书销售分类：城乡建设·市政工程·环境工程 (B20)

ISBN 978-7-112-22107-3

9 787112 221073 >

（31901）定价：16.00 元